SOCIÉTÉ D'ANTHROPOLOGIE DE LYON
Séance du 7 Mai 1904

LES SOUDANAIS ORIENTAUX ÉMIGRÉS EN ÉGYPTE

ESQUISSE ETHNOGRAPHIQUE ET ANTHROPOMÉTRIQUE

PAR

Ernest CHANTRE

LYON
A. REY & Cie, IMPRIMEURS-ÉDITEURS
4, RUE GENTIL, 4
—
1904

SOCIÉTÉ D'ANTHROPOLOGIE DE LYON
Séance du 7 Mai 1904

LES SOUDANAIS ORIENTAUX ÉMIGRÉS EN ÉGYPTE

ESQUISSE ETHNOGRAPHIQUE ET ANTHROPOMÉTRIQUE

PAR

Ernest CHANTRE

LYON
A. REY & Cie, IMPRIMEURS-ÉDITEURS
4, RUE GENTIL, 4

1904

SOCIÉTÉ D'ANTHROPOLOGIE DE LYON
Séance du 7 Mai 1904

LES SOUDANAIS ORIENTAUX ÉMIGRÉS EN ÉGYPTE

ESQUISSE ETHNOGRAPHIQUE ET ANTHROPOMÉTRIQUE

ETHNOGÉNIE ET ETHNOGRAPHIE

Les habitants de l'Egypte proprement dite, tant de fois envahie par des conquérants de races et d'origines si différentes, sont en contact intime depuis la plus haute antiquité avec les nègres du Haut-Nil et des régions voisines. Cette terre des Pharaons, dont les limites naturelles sont marquées au sud par la première cataracte du Nil et, au nord, par l'embouchure de ce fleuve dans la mer Méditerranée, devait être, à certaines époques, fatalement inondée par des flots humains, tout comme elle l'est périodiquement par les eaux...

L'Afrique équatoriale, ce grand réservoir, est aussi une grande réserve humaine. Si des lois naturelles régissent la marche des cours d'eau, il en est aussi qui régissent la marche des populations. Celles-ci descendent généralement les fleuves, qu'ils s'écoulent vers le nord ou vers le sud. En Egypte, tout a concouru à pousser les populations à suivre le cours du grand fleuve depuis ses origines jusqu'à la Méditerranée. C'est ainsi que si les Oua-Oua que Pepi Merina repoussa victorieusement de ses Etats sont bien des Nègres, on a une preuve certaine que ces tribus négritiques ont, dès l'époque de la VIe dynastie memphitique (c'est-à-dire vers 2500 ans avant J.-C.), tenté des incursions sur la frontière méridionale de l'Egypte.

Des inscriptions du moyen et du nouvel empire, c'est-à-dire des premières dynasties thébaines (2000 à 1500 avant J.-C.) relatent, d'après les égyptologues, des luttes nombreuses à la suite desquelles furent introduites des masses considérables de captifs des deux sexes. Si nombreuse fut cette classe infortunée, que ce fut la gloire des rois égyptiens, nous dit Diodore, d'avoir fait construire les monuments de Louqsor et de Karnak par des étrangers seulement. De l'esclavage des nègres — en particulier — les peintures et les sculptures nous donnent d'abondantes images. « Les Noirs — dit sir G. Wilkinson — désignés comme *naturels de la terre étrangère de Coush* sont généralement représentés sur les monuments égyptiens comme des captifs ou des porteurs de tributs aux Pharaons. »

On n'a pas encore déterminé d'une façon précise l'époque à laquelle appartiennent les plus anciennes représentations de nègres. Un des faits les plus certains, c'est la « Procession » de l'époque de Touthmès IV à Thèbes, dans laquelle des nègres figurent comme apportant des tributs à ce monarque : cette scène date d'environ 1700 ans avant Jésus-Christ.

M. Wilkinson décrit une peinture, dans une catacombe de Thèbes de l'époque d'Aménophis III, dans laquelle ce roi assis sur son trône reçoit les hommages et tributs de diverses nations. Parmi celles-ci sont représentés plusieurs « chefs noirs de Koush en Ethiopie » dont les présents consistent en anneaux d'or, pierres précieuses, panthères et peaux d'animaux à grandes cornes dont les têtes sont étrangement ornées de mains et de têtes de nègres. L'auteur ajoute que ces dernières effigies étaient probablement artificielles, car le peuple de Koush n'aurait pas décapité ses propres enfants pour orner ses tributs à un prince étranger ; cependant, à cette même époque, ces symboles étaient clairement employés pour exprimer l'abaissement et le vasselage le plus abject.

D'autres figures de nègres déterminées sûrement, comme

époque, sont trouvées sur les monuments de Ramsès II, Ramsès III, sur différents points de l'Egypte et de la Nubie. Le premier de ces rois, qui appartient à la XIXe dynastie, est représenté debout sur une plate-forme qui est supportée par des nègres agenouillés.

On doit citer encore une autre scène gravée sur le temple de Beit-el-Oualli, en Nubie, dans laquelle Ramsès II est représenté dans une bataille contre les nègres ; ceux-ci défaits, sont prosternés devant lui ; au milieu d'eux, Ramsès figure sur son char.

La chasse aux esclaves, dont les Pharaons donnèrent parfois l'exemple, accrut encore ces importations dont Arrien estimait la moyenne annuelle à 3.000 individus. Sous la domination des Turcs, ce chiffre a été beaucoup plus considérable et, d'après Hamont [1], le nombre des esclaves, pour la plupart nègres, que l'on transportait annuellement, il y a 35 ans en Egypte, était de 10.000 environ.

En admettant avec Hamy et Morton[2] la moyenne d'Arrien qui concorde avec celle de Madden[3], il faudra évaluer à 10 ou 12 millions la masse d'hommes, de femmes et d'enfants transportés des pays négritiques dans la vallée égyptienne du Nil, depuis les premières razzias dont l'histoire ait conservé le souvenir.

Dans toute autre contrée, il n'en eût pas fallu la centième partie pour altérer profondément le type de la race maîtresse du sol. Mais, on le sait, le climat est, d'une façon absolue inclément aux émigrants de toute provenance. Toute importation étrangère qui s'établissait et se propageait en Egypte était infailliblement absorbée et assimilée par la masse des Egyptiens.

D'après Clot-bey [4], il n'y avait, en 1840, pas plus de 2.000 nègres en Egypte. Ce chiffre me paraît un peu inférieur à la

[1] *Revue de l'Orient*, t. II, p. 228, 1893.

[2] Les Nègres de la vallée du Nil (*Revue d'anthrop.*, t. IV, 1881, p. 223).

[3] *Crania egyptiaca*, Philadelphie, 1884, p. 59.

[4] *Aperçu général sur l'Egypte*, t. I, p. 167, Paris, 1840.

réalité, car Cailliaud[1] évaluait, en 1826, le nombre total des esclaves nègres vivant en Egypte à 40.000, moitié de chaque sexe. Ces esclaves ne font pas souche dans le pays, et leur race ne s'y maintient que grâce à d'incessantes importations.

Mais si les nègres soudanais ne se multiplient pas en Egypte, ont-ils produit des métissages et ont-ils modifié le type du fond de la population ? Telle est la question que l'on peut se poser. *A priori*, on ne constate aucune influence négritique sérieuse sur la population de l'Egypte. C'est tout au plus si en s'avançant vers le sud, dans la haute Egypte où le nombre des nègres est de plus en plus considérable à mesure que l'on se rapproche de la Nubie, on rencontre des Fellahin et surtout des Barabra, dont le type, cheveux et mâchoire, indique un métissage. Les nègres sont actuellement nombreux dans cette région, d'abord parce qu'elle est plus rapprochée du Soudan, et ensuite parce que le Gouvernement y cantonne, notamment à Assouan, des bataillons soudanais et de nombreux émigrants des contrées envahies par les *Baggara* commandées par les Madistes. C'est, d'ailleurs, grâce à ce concours de circonstances que j'ai pu étudier une importante série de nègres dont la provenance est certaine.

Ils appartiennent à la grande famille des Soudanais orientaux, qui comprend les groupes nilotique, tchadien, kanori et noubien. Ceux-ci sont composés de nombreuses tribus ou peuplades.

Le groupe Nilotique renferme les peuplades ou tribus des Chillouk, Dinka, Nouer et quelques autres moins importantes.

Le groupe Tchadien est constitué par les Baghermi, Ouadiens, Foriens, etc.

Le groupe Kanori renferme lés Bornou et Haoussa du Kordofan.

Le groupe Nouba est constitué par les Fertit, Tagala, Nouba proprement dits, Niam-Niam, Bongo, Monboutou et beaucoup d'autres moins connus.

[1] *Voyage à Méroé et au fleuve Blanc*, t. II. p. 117, Paris, 1826.

Je ne décrirai ici que les peuplades dont j'ai pu étudier une assez grande série à Assouan, et qui ont pu avoir le plus de relations avec les Egyptiens.

Tels sont les Chillouk, Dinka, Nouer et Forien, puis quelques individus du Bornou, du Niam-Niam, du Teghel, du Dahr Fertit, etc.

NILOTIQUES

CHILLOUK

ETHNOGÉNIE ET ETHNOGRAPHIE

Cette tribu habite, sur la rive gauche du Nil, un territoire d'environ 150 kilomètres de longueur sur 10 de largeur, qui remonte jusqu'à l'embouchure de la rivière des Gazelles. Pressés par les Baggara (peuple sémitique apparenté aux Arabes) au couchant, ils ne peuvent pas s'étendre vers l'est où ils sont limités par le fleuve. On ne les retrouve, dans cette direction, que près de l'embouchure du Sobat.

D'après le dernier recensement, on compterait 3.000 villages chillouk. Chacun d'eux renferme en moyenne 150 huttes, et chacune de ces huttes abrite une famille de quatre ou cinq individus. On en a conclu que la population de ce groupe ethnique pouvait s'élever au chiffre approximatif de 1.200.000 habitants.

Suivant Schweinfurth, qui a le plus et le mieux étudié ces populations, aucune autre partie du continent noir n'est plus peuplée que celle habitée par les Chillouk. C'est qu'aucune autre région ne présente de conditions plus favorables. L'agriculture, l'élevage du bétail, la chasse et la pêche, tout contribue dans ce pays à l'entretien et au développement d'une vie exubérante.

La physionomie des Chillouk a quelque chose de dur et de très spécial. On les représente comme un peuple très laid et de taille généralement élevée. Leur charpente osseuse est

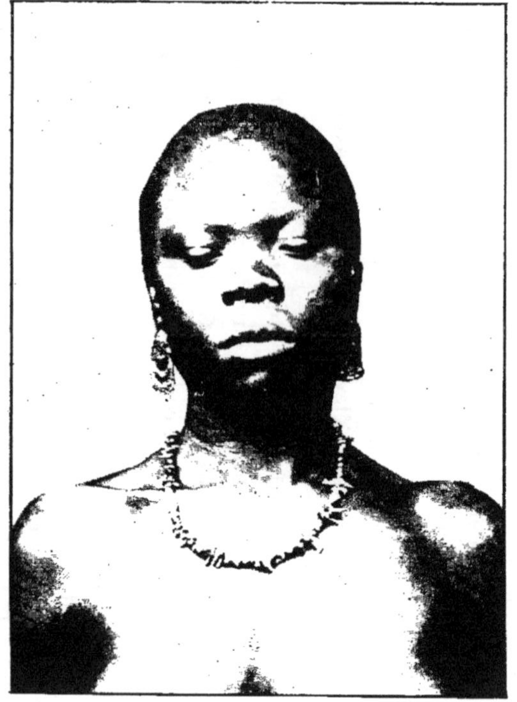

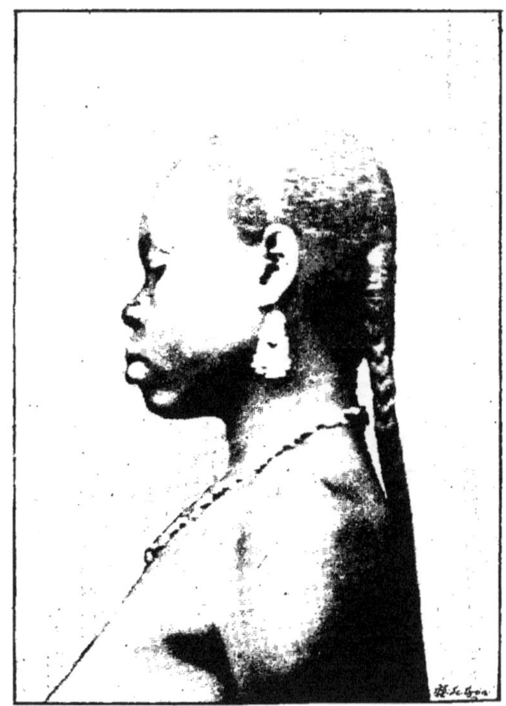

Femme Chillouk.

Chillouk.

— comme celle de tous les Soudanais — solide quoique délicate dans la forme. Ils considèrent le vêtement comme chose ridicule, honteuse ou tout au moins incommode. Les femmes se couvrent tout au plus le ventre et les reins.

Pour tous les détails relatifs à leurs usages, mœurs, coutumes, industries, croyances, etc., dans lesquels je ne saurais entrer ici, c'est à Schweinfurth et à Hartmann qu'il faut les emprunter.

Les Chillouk que j'ai étudiés à Assouan, au nombre de dix-huit, sont tous des hommes âgés de vingt à quarante ans, et ils sont originaires — pour la plupart — des environs de Fachoda.

MORPHOLOGIE ANTHROPOMÉTRIQUE

La peau, les cheveux et les yeux. — La peau est d'un noir tirant sur le rouge. Les cheveux, généralement laineux, sont d'un noir plus ou moins foncé et mat. Ceux qui ne les rasent pas en font une sorte de casque. La barbe, toujours noire, est rare et jamais rasée. Les yeux sont pour la plupart grands et vifs, avec un iris presque toujours foncé. L'écartement bipalpébral interne moyen est le plus souvent grand, il atteint 35 millimètres, et le diamètre bipalpébral externe moyen est de 96 millimètres. La moyenne de l'indice bipalpébral est de 35,41 chez les dix-huit sujets.

Le nez, la face, la bouche et les oreilles. — Les Chillouk sont de vrais platyrhiniens : leur nez est, en effet, plat, court et large. L'indice nasal moyen est de 104,88. La moyenne de la hauteur ou longueur est de 43 millimètres, et celle de la largeur de 41 millimètres. La mise en série montre que cet indice court de 91 à 124 et que le maximum de fréquence se trouve entre 97 et 105.

La face est relativement étroite chez les Chillouk, bien que les pommettes paraissent saillantes. L'indice facial total moyen est, chez les dix-huit sujets, de 107,25. La moyenne du diamètre bizygomatique est de 133 millimètres, et celle du diamètre ophrio-mentonnier est de 124 millimètres. Les mâchoires sont fortes et proéminentes, de façon à accuser un prognathisme souvent très accentué. La bouche, dont l'ouverture ne présente que 51 millimètres en moyenne, a des lèvres charnues.

Le front est généralement bas et parfois bombé. Les oreilles présentent un indice moyen de 63,64. La mise en série de l'indice facial du Chillouk montre une certaine hétérogénéité puisqu'il y a dans ce groupe des individus avec des indices de 93 à 118. Le maximum de fréquence se trouve entre 101 et 107.

La taille et la grande envergure. — Les Chillouk sont de taille élevée, la moyenne étant de 1m 72. La mise en série montre que huit sujets atteignent 1m 85 et dix n'arrivent pas à 1m 65. La grande envergure dépasse presque toujours la taille. La moyenne est de 1m 80. On voit trois sujets chez qui l'envergure dépasse la taille, huit qui présentent des envergures égales à la taille, et sept chez qui l'envergure est moindre.

La tête et ses diamètres. — Les Chillouk sont de vrais dolichocéphales. Leur indice céphalique moyen (longueur-largeur) est de 73,40. La moyenne du diamètre antéro-postérieur est de 188 millimètres, et celle du diamètre transverse maximum est de 138 millimètres. La moyenne de la hauteur auriculo-bregmatique est de 116 millimètres seulement. Il résulte de cela que l'indice moyen de hauteur-longueur est de 61,70 et celui de hauteur largeur de 84,05.

La mise en série montre que la moyenne de fréquence se trouve autour de 74, que l'on trouve dix sujets au-dessus de ce chiffre et que six ne l'atteignent pas.

DINKA

ETHNOGÉNIE ET ETHNOGRAPHIE

Les Dinka occupent parmi les Nilotiques le territoire le plus considérable. En dehors du Bahr-el-Ghazal, où on les trouve sur une superficie de 10.000 kilomètres carrés, ils s'étendent jusqu'au Sobat et même en avant du confluent de cette rivière avec le Nil, sur la rive droite du Bahr-el-Abiad. Les limites détaillées et à peu près exactes des régions habitées par les Dinka ont été retracées par Tonquedec. L'énumération des nombreuses tribus dont se compose ce groupe ethnique, ainsi que des peuplades qui l'avoisinent, a été donnée par le même voyageur.

D'après les estimations les plus véridiques, le nombre des Dinka paraît actuellement encore dépasser un million d'individus. On peut remarquer toutefois qu'étant donné la densité extraordinaire de la population dans ce pays, ce chiffre n'a rien d'exagéré et semble même faible. Les Dinka sont plus connus que les Chillouk et les Nouer. Ils ont été visités par un très grand nombre de voyageurs et de savants qui ont donné du pays et de ses habitants des descriptions vraisemblablement exactes. C'est surtout aux récits de Cailliaud, de Schweinfurth, d'Hartmann, de Casati et de quelques autres que l'on doit les renseignements ethnographiques les plus complets.

Essentiellement pasteurs, les Dinka se livrent avec succès à l'élevage du bétail (moutons, chèvres, bœufs). Ils ont en général le plus grand mépris pour les armes à feu. Leur arme principale est la lance. D'après Schweinfurth, ils ne se séparent jamais d'une massue en bois d'ébène qui les ont fait surnommer par les Niam-Niam, leurs voisins, *atagboudos* autrement dits « gens à bâtons ». Les femmes mariées portent un pagne fait de deux peaux de chèvres. Leurs ornements consistent en bracelets de fer, armés de pointes, qu'elles portent à la cheville et au poignet, en anneaux d'ivoire pour l'avant-bras et en petits anneaux de fer étagés sur tout le pourtour de l'oreille.

Leurs tatouages distinctifs consistent en quatre cicatrices qui s'échelonnent parallèlement sur les côtés du crâne pour venir converger sur le front et la nuque. Ils ne possèdent aucune industrie, sauf celle du fer dont ils se fabriquent — avec quelque habileté — des fers de lance, des instruments tranchants ou des anneaux. Ils se contentent de cultiver le sorgho, des ignames, des arachides, des haricots, etc., c'est-à-dire les végétaux qui constituent le fond de leur nourriture. Celle-ci se compose — en outre — de laitage, de beurre et de miel.

Les Dinka sont polygames et fétichistes : chez eux le serpent est l'objet d'un culte particulier.

MORPHOLOGIE ANTHROPOMÉTRIQUE

Comme leurs voisins les Chillouk et la plupart des autres habitants des contrées marécageuses, les Dinka ont de longues jambes d'échassiers. Leur buste est plus court que celui des habitants des montagnes et des pays rocheux, ces derniers sont aussi plus vigoureux et d'une teinte moins foncée. Les Dinka ne présentent jamais d'embonpoint.

Le corps est nerveux, carré, et surmonté d'épaules larges, horizontales et anguleuses. Un cou long, légèrement contracté à la base, correspond à une tête qui est en général étroite et aplatie. La mâchoire est ordinairement large et saillante, mais le prognathisme n'est pas pour cela très accentué chez eux. Il règne néanmoins dans l'ensemble de la physionomie une harmonie qui fait reconnaître à l'observateur qu'en développant cette forme, la nature a poursuivi un but déterminé. J'ai étudié vingt-sept Dinka (quinze ♂ et douze ♀) à Assouan, et M. Girard a mesuré à Toulon trois hommes de cette tribu.

La peau, les cheveux et les yeux. — La peau des Dinka, qui est toujours grasse, souple, veloutée, grenue et riche en verrues, présente une couleur noire foncée, passant par les nuances du rouge brun au noir, au gris bleuâtre. Schweinfurth prétend qu'ils doivent compter parmi les races les plus noires de l'Afrique. L'usage de se barbouiller la peau d'un badigeon de cendre modifie le noir profond de leur couleur naturelle en une teinte brune. Lorsque ce badigeon a disparu, qu'il a été frotté avec de l'huile ou qu'il a été simplement lavé, la peau prend un éclat pareil à celui du bronze.

La teinte bleue que l'on a cru pouvoir attribuer à la peau des nègres en général et à celle de ceux-ci en particulier ne serait due, d'après Schweinfurth, qu'au reflet du ciel ; on l'observe principalement lorsqu'on aperçoit un de ces individus à contre-jour à l'entrée d'une hutte où la lumière ne pénètre que par la porte.

Les cheveux laineux sont presque toujours rasés, excepté sur le haut de la tête ; ils conservent une touffe qu'ils décorent de plumes d'autruche afin d'imiter l'aigrette du héron. Aucun ne se confectionne avec ses cheveux ce casque si curieux que l'on voit chez les Chillouk.

Les femmes se rasent moins la tête que les hommes, et la plupart font avec leurs cheveux une multitude de petites tresses. Les plus élégants, chez les deux sexes, donnent à leur chevelure une couleur d'un roux fauve qu'ils obtiennent au moyen de fréquentes lotions faites avec de l'urine de vache ou bien par des applications de pommade faite de bouse et de cendre, répétées durant quinze jours.

Chez tous les Dinka les yeux sont grands et l'iris est d'un noir brun très foncé. Leur écartement est moyen pour des nègres, car sur la totalité des sujets (quinze ♂ et douze ♀) l'indice moyen bipalpébral est de 32,65, avec un diamètre bipalpébral externe de 98 millimètres et un diamètre bipalpébral interne de 32 millimètres.

Cet écartement est plus accentué chez les hommes que chez les femmes ; chez ces dernières il n'atteint que 30 millimètres, et l'indice moyen correspondant est chez elles de 30,95, celui des hommes étant de 33,33, et le diamètre bipalpébral interne de 104 millimètres.

Le nez, la face, la bouche et les oreilles. — Les Dinka sont très platyrhiniens. Le nez est, en effet, généralement plat et large. L'indice nasal moyen de vingt-sept sujets réunis est de 105,5. La longueur ou hauteur moyenne est de 41 millimètres et la largeur de 40 millimètres. Chez les quinze hommes l'indice est de 104,88, et chez les sept femmes il est de 97,43. La largeur moyenne du nez des premiers est de 43 millimètres, tandis que chez les seconds elle est de 38 millimètres seulement. La hauteur moyenne est de 40 millimètres chez les deux sexes. Les hommes sont donc, en général, beaucoup plus platyrhiniens que les femmes. La mise en série de cet indice montre la plus grande hétérogénéité, puisque l'on trouve six sujets à 90, cinq à 100 et onze qui n'atteignent pas ce dernier indice.

Les mesures des diamètres de la face ne viennent confirmer que dans une certaine mesure l'appréciation qui a été formulé par la plupart des voyageurs, à savoir que le visage des Dinka est manifestement étroit. L'indice facial moyen des vingt-sept Dinka réunis est de 104,83. On en trouve pourtant cinq avec des indices au-dessous de 99,9 et neuf de 100 à 104,9, tandis que treize présentent des indices supérieurs à 105. Il est de 104,72 pour les quinze hommes et de 105,88 pour les douze femmes.

La moyenne des diamètres bizygomatiques est de 130 millimètres et celle de la hauteur ophrio-mentonnière est de 124 millimètres. La mise en série de l'indice facial montre que c'est autour de 104 que se trouve la moyenne de fréquence, on voit treize sujets sur vingt-sept au-dessus de cette moyenne et treize au-dessous.

Le prognathisme est très accentué chez la plupart de ces nègres mais n'a pas été mesuré. Le front est bas et souvent bombé.

Les lèvres, le plus souvent fortes, montrent une bouche dont l'ouverture moyenne est de 55 millimètres chez les hommes et de 48 millimètres chez les femmes.

Les oreilles sont petites, bien ourlées et jamais ramenées en avant comme chez les gens qui portent des coiffures. L'indice moyen (hauteur-largeur) des oreilles est de 59,31. Chez les hommes il monte à 60, tandis que chez les femmes il n'est que de 58,93.

La tête et ses diamètres. — Les Dinka sont manifestement dolichocéphales ; la longueur exceptionnelle de leur tête a de tout temps frappé l'attention des observateurs qui les ont visités. L'indice céphalique moyen (longueur-largeur) des vingt-sept sujets que j'ai mesurés est de 73,79. Cet indice varie peu dans les deux sexes, car celui des hommes étant de 73,82, celui des douze femmes est de 73,77.

Ces indices sont plus élevés que ceux que M. Hamy[1] a trouvés chez les jeunes sujets qu'il a eu l'occasion d'étudier (72,48), et surtout que ceux de la série de M. Girard[2] dont la moyenne est de 69.17.

Je dois faire remarquer tout de suite que j'ai trouvé parmi mes vingt-sept sujets quelques individus dont les indices se rapprochent de ceux de M. Girard, mais ce sont des exceptions. L'un de ces individus entre autres est la femme Mastourah, de 26 ans, qui présente l'indice 67,72 ; puis la femme Asta-Menou, de 25 ans, avec l'indice de 69,47, et enfin le soldat Morgave-Hamsah, de 41 ans, avec l'indice de 72.

En revanche, on rencontre à côté la femme Faragalah dont l'indice est de 80,64, et la femme Akmet-Saïd, de 23 ans, avec l'indice de 75,85, enfin celui de 83,37 que j'ai trouvé sur Abd-el-Faraz-el-Soudani, soldat de 39 ans.

Les divergences que l'on constate entre l'indice céphalique moyen que j'ai reconnu aux vingt-sept Dinka que j'ai étudiés et celui que leur a trouvé M. Girard sont assez grandes pour que l'on soit en droit d'en chercher les origines.

Eh bien, je crois que, sans mettre en cause l'expérience plus ou moins grande des opérateurs, on peut soutenir qu'elles doivent être attribuées non seulement aux chances d'erreurs individuelles qui ne peuvent pas se compenser dans une faible série, mais au hasard qui a jeté sous les yeux de cet observateur trois sujets exceptionnellement dolichocéphales. On doit remarquer aussi qu'en éliminant de ma série les quatre sujets dont les indices sont évidemment anormaux pour des nilotiques, autres que des Niam-Niam, lesquels sont connus comme mésaticéphales, on arriverait facilement au chiffre que M. Girard a indiqué.

Il est très regrettable que le professeur Virchow n'ait pas publié les indices des quarante-trois sujets qu'il a étudiés à

[1] Les Nègres de la vallée du Nil (*Revue d'anthropologie*, 1881).

[2] Les Dinka nilotiques (*l'Anthropologie*, t. XI, 1900).

Berlin. Il eût été intéressant de comparer cette série avec celles que l'on possède d'autre part. On aurait pu obtenir aussi — par le groupement des chiffres de ces diverses séries — un indice moyen d'autant plus rapproché de la réalité que le nombre des individus observés aurait été plus considérable.

Quoi qu'il en soit, on peut soutenir que les Dinka présentent un indice céphalique qui montre une certaine homogénéité. La mise en série montre, en effet, que la moyenne de fréquence se trouve entre 73 et 76. La mise en série de l'indice céphalique (longueur-largeur) montre que, sur les vingt-sept sujets Dinka, hommes et femmes réunis, dix-huit sont dolichocéphales avec des indices inférieurs à 75, que sept sont mésocéphales avec des indices allant de 75 à 79.9, et que deux sont brachycéphales avec des indices voisins de 80.

L'indice céphalique moyen de hauteur-longueur (transverse verticale ou auriculo-bregmatique) est de 63,63, ce qui prouve que la tête de nos vingt-sept sujets est assez élevée. Quant à l'indice de largeur (largeur-hauteur), qui est de 86,23, il confirme l'idée que l'on se fait sur la longueur extraordinaire de la tête des Dinka quand on regarde un individu de cette race. La courbe antéro-postérieure est du reste généralement surélevée jusqu'au bregma, chez la plupart. La mise en série de l'indice céphalique montre que la moyenne fréquence se trouve entre 72 et 74.

La taille et la grande envergure. — Chez les Dinka, comme chez les Chillouk et les Nouer, la taille est élevée. Elle ne présente pas cependant de chiffres qui permettent de dire que ces nègres sont les plus grands des Africains. En effet, la moyenne qu'ont donnée les vingt-sept sujets réunis est de 1^m 72. Il faut remarquer toutefois que chez les douze femmes cette moyenne n'est que de 1^m,64, tandis qu'elle monte à 1^m,77 chez les hommes. En somme, quatorze sujets sur vingt-sept ont des tailles supérieures à 1^m 70, six ne vont qu'à 1^m 65 et six restent au-dessous.

Les trois individus de M. Girard ont une taille moyenne de 1^m 77, avec des extrêmes de 1^m 70 à 1^m 86.

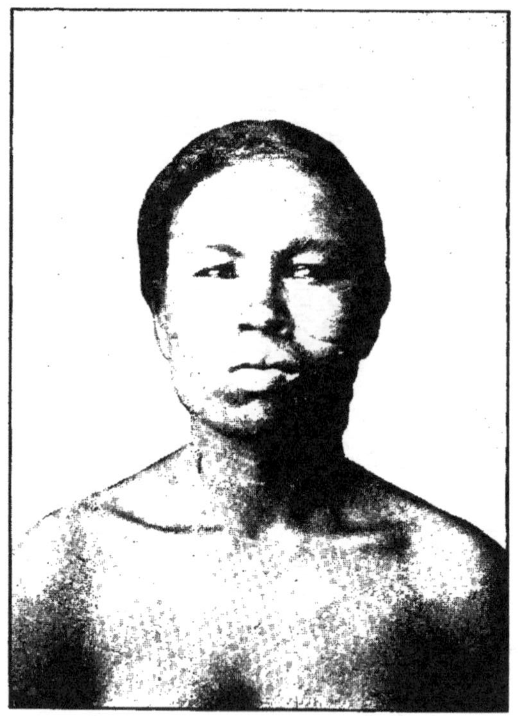

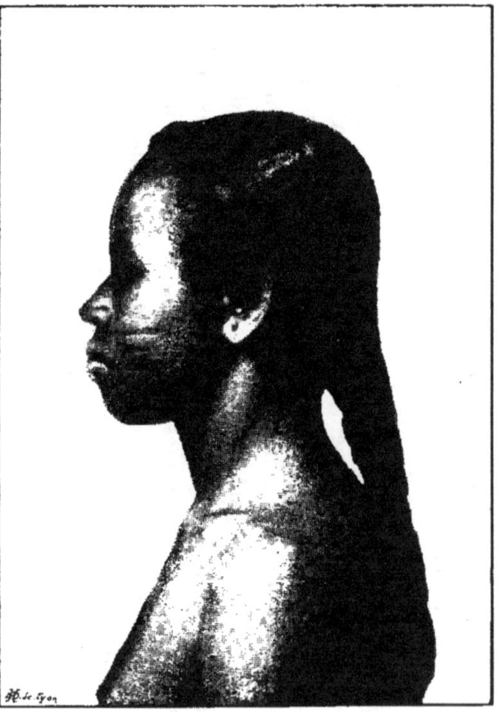

Femme Dinka.

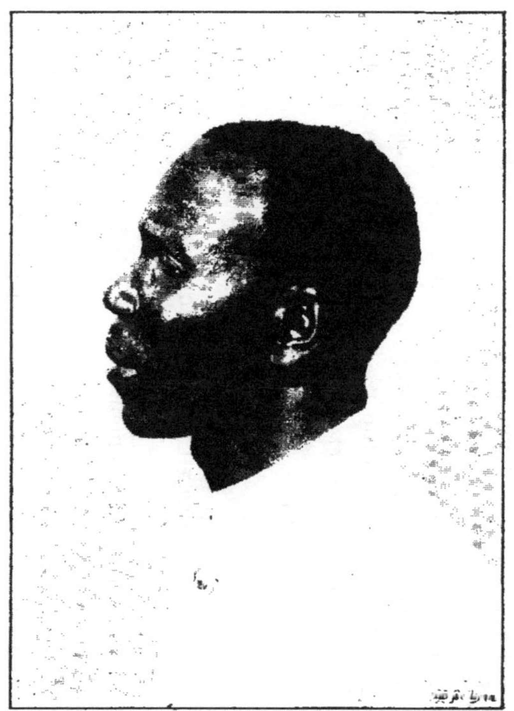

DINKA.

La grande envergure est élevée chez les Dinka, car les vingt-sept sujets réunis donnent le chiffre de 1m 80. Les femmes mesurent 1m,66 et les hommes 1m,88. Le diamètre moyen présenté par les trois individus de M. Girard est de 1m 83.

Ce diamètre est toujours supérieur à la taille chez cette race. Elle l'est de trois centimètres chez les femmes, mais elle l'est de neuf au moins chez les hommes.

NOUER

ETHNOGÉNIE ET ETHNOGRAPHIE

Cette population éminemment guerrière habite près des embouchures du Sobat et du Bahr-el-Ghazal. Sous le rapport des coutumes, elle ressemble aux Chillouk et aux Dinka ; seul leur dialecte diffère de celui de ces deux peuplades. Les Nouer sont essentiellement pasteurs et agriculteurs. Ils vont absolument nus. Les femmes portent cependant une ceinture en franges autour des hanches et les jeunes filles un tablier du même genre. Ils se frottent le corps avec de la cendre délayée dans l'urine de vache pour se protéger des insectes. Ils teignent souvent leurs cheveux en rouge brun, à l'aide d'une pâte qu'ils préparent avec de la cendre et de la bouse de vache. Certains individus chez qui la toison est peu abondante y suppléent en se coiffant d'un tissu en fils de coton, teint en rouge et formant perruque.

Les cases des Nouer ressemblent à celles des Chillouk. Toujours propres, elles sont entourées d'une aire libre dont le sol est battu avec soin. A l'intérieur, une couche épaisse de cendres et de bouse calcinée jusqu'à être parfaitement blanche, sert de literie, et vaut mieux que n'importe quel moustiquaire.

L'influence du milieu est remarquable chez ces populations plus que partout ailleurs. Chillouk, Dinka et Nouer diffèrent des populations des régions rocheuses et montagneuses. Habitants des plaines marécageuses du Nil et du Sobat, ils occupent parmi les hommes — comme le fait remarquer Schweinfurth — le même rang que les flamants parmi les oiseaux. Outre leurs grandes jambes, ils ont de larges pieds. Une autre similitude, c'est qu'ils restent souvent immobiles sur une jambe comme les échassiers, l'autre étant appuyée sur le genou. Les grandes enjambées qu'ils font lentement parmi les roseaux rappellent celles des cigognes. Enfin leur tête petite et déprimée emmanchée d'un long cou achève la ressemblance.

Les hommes portent aux poignets des bracelets d'ivoire et de cuivre. Les femmes s'ornent la lèvre supérieure d'un gros fil de fer. Comme leurs voisins, ils sont armés de lances et de massues à tête de fer. Leur idiome se rapproche de celui des Dinka et des Chillouk.

MORPHOLOGIE ANTHROPOMÉTRIQUE

Les cheveux et les yeux. — Cette tribu, dont les caractères généraux se rapprochent assez de ceux des Chillouk pour qu'on puisse les considérer comme une sorte de sous-tribu de cette grande peuplade, possède des cheveux semblables à ceux de ses voisins. Les yeux des Nouer, toujours foncés, sont modérément écartés pour des nègres ; le diamètre bipalpébral interne est de 34 millimètres et le diamètre bipalpébral externe de 101 millimètres. L'indice bipalpébral de nos deux sujets est de 33,66.

Le nez, la face, la bouche et les oreilles. — Les Nouer sont encore plus platirhyniens que leurs voisins et parents. Leur indice nasal est de 110. La moyenne de la hauteur est de 38 millimètres et celle de la largeur de 42 millimètres.

La face est étroite, quoique le diamètre bizygomatique soit de 36 millimètres, et la hauteur ophrio-mentonnière de 122 millimètres. L'indice facial est en somme de 111,47.

Le prognathisme est assez fort, moins cependant que chez certains Chillouk. La bouche n'est pas très large : 52 millimètres. Les oreilles présentent l'indice de 66.66.

La taille et la grande envergure. — La taille de ces gens

n'est pas plus élevée que celle de leurs voisins, car elle n'atteint comme chez eux que 1m 72. La grande envergure est plus considérable et dépasse de beaucoup la taille, car elle arrive à 1m 85.

La tête et ses diamètres. — Les Nouer paraissent un peu moins dolichocéphales que les Chillouk et les Dinka. Leur indice céphalique (longueur-largeur) est de 74,70 Le diamètre antéro-postérieur maximum est particulièrement grand : il mesure 190 millimètres. La hauteur auriculo-bregmatique est également forte et montre des têtes élevées. Les indices de hauteur sont de 67,36 pour la hauteur-longueur et de 90,14 pour la hauteur-largeur.

TCHADIENS ET KANORI

Ces deux groupes ethniques comprennent un très grand nombre de tribus et renferment des types un peu différents les uns des autres, qui mériteraient d'être étudiés séparément. Mais comme leur habitat sort du cadre de nos recherches actuelles, nous ne pouvons nous en occuper ici qu'à titre d'élément de comparaison et, du reste, le nombre des sujets que j'ai pu observer dans chacun de ces groupes est trop faible pour en former des catégories distinctes. Ce n'est donc que très succinctement et en les groupant que je rappellerai, d'après les principaux voyageurs qui ont visité ces peuplades, leurs caractères ethnogéniques et ethnographiques essentiels.

TCHADIENS FORIENS

ETHNOGÉNIE ET ETHNOGRAPHIE

Ce groupe comprend les tribus baghermi, ouadienne et forienne. La tribu des Foriens, dont j'ai pu observer quelques individus, paraît constituer la population aborigène du Darfour — Dar for — notamment dans les montagnes de Marrah qui s'élèvent au centre du pays. Les Foriens se subdivisent en un certain nombre de sous-tribus plus ou moins mêlées d'Arabes et de Berbères — de type et d'origine divers — qui vivent dans leur voisinage.

MORPHOLOGIE ANTHROPOMÉTRIQUE

Cette population est à peine connue au point de vue anthropométrique. Elle n'avait été étudiée jusqu'ici — scientifiquement — que d'après quelques crânes.

Robert Felkin [1] a, le premier, pris sur un jeune individu à son service quelques mensurations, mais d'après une autre méthode que la nôtre ; ne pouvant être comparées, elles ne sont pas utilisables. Le même observateur a pris la mesure de la taille de vingt-cinq hommes et de quinze femmes.

C'est à Assouan que la série des mesures la plus complète et la plus considérable a été prise par moi en 1898. Elle se compose de seize sujets dont deux femmes. Les hommes sont âgés de 25 à 40 ans et les femmes de 18 à 20 ans. Cette tribu passe pour être assez mêlée dans la plaine, aussi ai-je choisi de préférence des gens de la montagne. Au dire des voyageurs qui en ont vu beaucoup, les Foriens sont les nègres les plus laids — à notre point de vue — de tous ceux qu'on voit dans la région tchadienne. Ils ont été sans doute frappés par leur platyrhinie et leur prognathisme, qui ne sont pas pourtant plus forts que ceux de leurs voisins, mais qui contrastent avec la leptorhinie et l'orthognatisme des Arabes qui les entourent.

La peau, les cheveux et les yeux — Les Foriens ont la peau d'un noir foncé et luisant et non pas rougeâtre. Leurs cheveux sont laineux et courts, ils ne les travaillent pas et ne les teignent pas en rouge comme les Chillouk.

Leurs yeux sont vifs, brillants, grands et passablement écartés. L'indice interoculaire moyen est de 32,65. La moyenne

[1] Notes on the For tribe of central Africa (*Proceedings of the Royal Soc. of Edimburgh*, vol. XIII. 1884-85.

du diamètre biorbitaire interne est de 32 millimètres et celle du diamètre bi-orbitaire externe est de 98 millimètres.

Le nez, la face, la bouche et les oreilles. — L'indice nasal moyen des seize sujets est de 104,76. La hauteur du nez est de 42 millimètres et sa largeur moyenne est de 44 millimètres. La face est courte, avec une hauteur ophrio-mentonnière

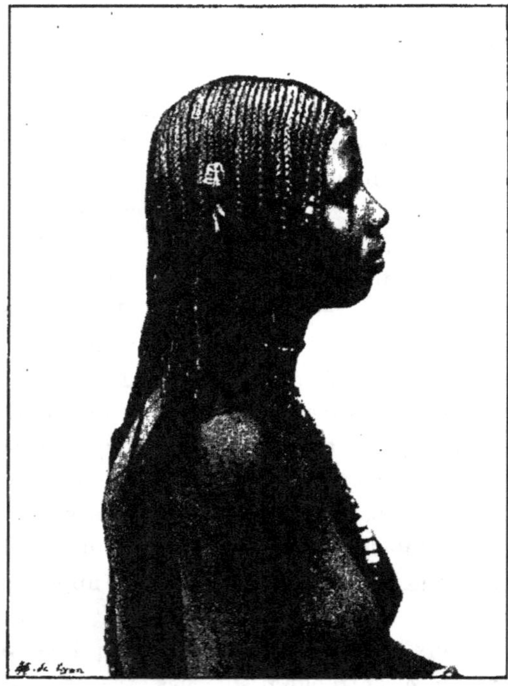

FORIENNE.

moyenne de 126 millimètres et une largeur bizygomatique de 133 millimètres. L'indice facial total est de 105,55 pour les seize sujets. La face des femmes diffère peu de celle des hommes.

La bouche des seize Foriens a en moyenne 52 millimètres et l'oreille présente un indice moyen de 60,34.

La taille et la grande envergure. — Les Foriens passent

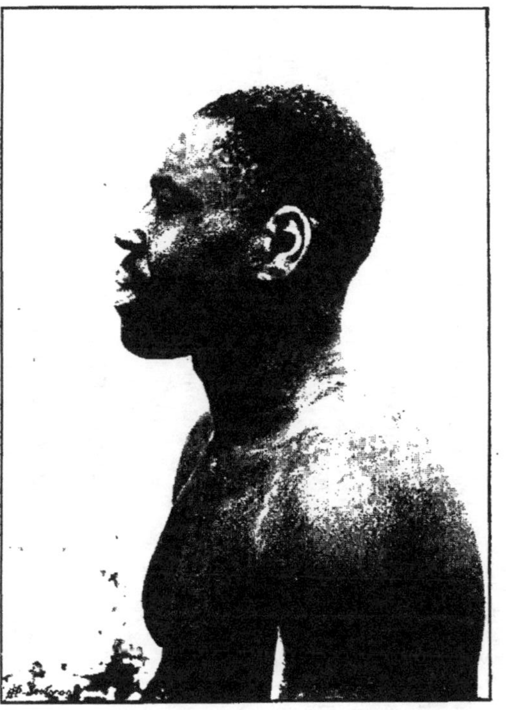

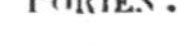

FORIEN.

pour être grands et cependant la moyenne de la taille n'est que de 1m 69.

La grande envergure moyenne est de 1m 75.

La tête et ses diamètres. — La tête des Foriens n'est pas aussi étroite et haute qu'on l'a dit, sans les avoir mesurés, du reste.

L'indice céphalique moyen (longueur-largeur) est de 75.

Les diamètres antéro-postérieur et transverse maximum sont de 188 et 141 millimètres. La hauteur moyenne auriculo-bregmatique est de 121 millimètres.

Les indices moyens de hauteur sont de 61,36 et de 85,81.

KANORI-BORNOU

ETHNOGÉNIE ET ETHNOGRAPHIE

Ce groupe renferme les tribus Bornou et Haoussa. Je n'ai à parler ici que des Bornou dont j'ai pu observer quelques sujets. Comme les Tchadiens, les Kanori vivent au milieu d'Arabes et de Berbères. Ces derniers ont donné jadis une dynastie aux Kanori, et les Haoussa appellent encore les gens du Bornou *Berbers* et leur idiome *baribari*. Les mœurs et les usages des Bornou sont à peu près ceux des Tchadiens. Ils sont peut-être un peu plus agriculteurs qu'eux, mais ils ne sont — d'une façon générale — guère plus avancés que leurs voisins en civilisation.

MORPHOLOGIE ANTHROPOMÉTRIQUE

Cette population, comme celle des Foriens, n'était connue jusqu'ici que par l'étude de quelques crânes. Elle ne semble pas s'être beaucoup aventurée encore à descendre le Nil jusqu'à Assouan, aussi n'ai-je pu en trouver que quatre (trois ♂ et une ♀) parmi les milliers de Soudanais que j'ai eu l'occasion de voir dans ce pays.

Les cheveux et les yeux. — Les Bornou, comme la plupart

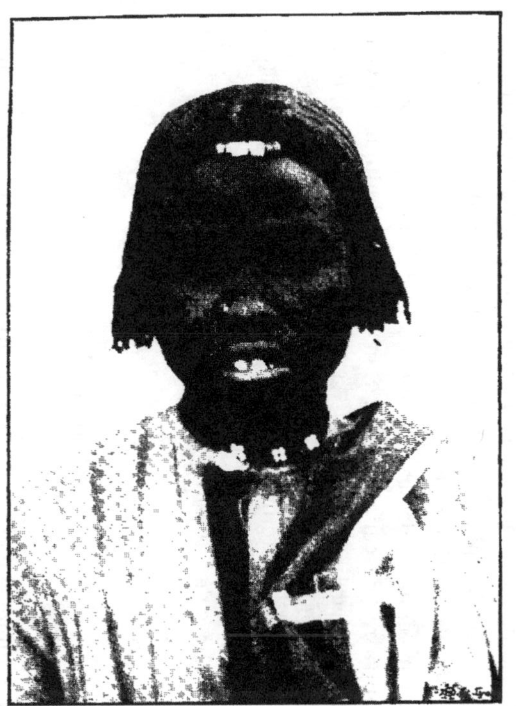

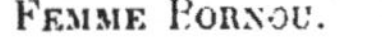

Femme Bornou.

des nègres du Soudan oriental, ont les cheveux laineux et courts, les femmes les portent le plus souvent en une quantité de petites tresses. Les yeux sont toujours foncés, bien ouverts et d'un éclat vif. Leur écartement est considérable, car l'indice orbitaire interne est de 34 millimètres et le biorbitaire externe est de 96 millimètres.

Le nez, la face, la bouche et les oreilles. — Le nez des Bornou est aussi large que haut, son indice moyen est de 100.

La face est large, avec un diamètre bizygomatique moyen de 132 millimètres et un diamètre ophrio-mentonnier moyen de 121 millimètres. L'indice facial total est de 109,08. Le prognatisme général des Bornou est des plus accentués que l'on puisse trouver chez les Soudanais orientaux. La bouche n'a que 51 millimètres de largeur moyenne. Les oreilles présentent un indice moyen de 63,46.

La taille et la grande envergure. — Les Bornou, autant que le petit nombre de sujets que jai étudiés me permet d'en juger, ne sont pas de taille élevée, la moyenne est de 1^m61, mais il y a un sujet de 1^m64 et un de 1^m62. La femme n'a que 1^m60.

La grande envergure moyenne est de 1^m71. Elle se trouve donc en général plus grande que la taille de 10 centimètres.

La tête et ses diamètres. — Cette tribu est loin de présenter la dolichocéphalie de ses voisines de l'est ; elle se rapproche, au contraire, de celle du sud. Son indice céphalique moyen (longueur-largeur) est en effet de 74.48. Les diamètres antéro-postérieur et transverse moyens sont cependant de 192 et 143 millimètres, tandis que la hauteur auriculo-bregmatique moyenne n'est que de 112 millimètres.

Les indices de hauteur sont donc de 58.33 et 78,32.

NOUBIENS

Les Noubiens n'ont qu'une similitude de nom avec les anciens Noubæ, Nobates sortis des oasis de l'ouest pour venir dans la vallée du Nil, qui a reçu le nom de Nubie. Ce groupe comprend une série importante de tribus habitant le haut Sénaar, le Kordofan et les régions au sud du lac Tchad. Tels sont les Nouba proprement dits, les Bertat et les Fertit ou Kredi du Kordofan méridional, les Tagala ou Teghele, les Bongo, les Niam-Niam, les Monboutou, etc., etc.

Nous ne nous occuperons ici que des Nouba, des Fertit, des Tagala, des Niam-Niam et des Bongo, les seules tribus dont j'ai eu l'occasion d'observer des représentants.

NOUBA PROPREMENT DITS

MORPHOLOGIE ANTHROPOMÉTRIQUE

Cette tribu, qui est fort mêlée de sang éthiopien dans le sud du Sénaar et dans le nord du Kordofan, est — au contraire — de sang pur dans la région montagneuse au sud du Kordofan, où ils paraissent aborigènes.

La peau, les cheveux et les yeux. — La couleur de la peau des trente-six Nouba jusqu'ici étudiés est peut-être plus claire que celle des Kanori et tire un peu sur le rouge.

Ils ont les cheveux généralement noir mat, courts et laineux, le plus souvent rasés. Les femmes les portent en nombreuses tresses ornées de coquilles ou de perles en verroterie.

Les yeux sont moins écartés que chez les Bornou. Le diamètre bipalpébral interne moyen est de 32 millimètres (vingt ♂ 33, seize ♀ 31). Le diamètre bipalpébral externe est de 96 millimètres. L'indice bipalpébral moyen est de 33.33 (♂ 34,02, ♀ 32,63).

Le nez, la face, la bouche et les oreilles. — La platyrhinie des Nouba est, à peu de chose près, la même que chez la plupart des autres Noubiens ; elle est moins forte cependant que chez les Bongo (quatre ♂ 109,75). L'indice nasal moyen des trente-six Nouba est de 102,44 (♂ 104,76 et ♀ 100). La face est large, avec un prognathisme moyen. Les diamètres ophrio-mentonnier et bizygomatique moyens sont de 125 et 130 millimètres. L'indice facial total moyen est de 104 (♂

103,12 et ♀ 106,66). Le diamètre moyen de la bouche est de 52 millimètres. Les oreilles, petites, sont mal ourlées.

La taille et la grande envergure. — Les Nouba ne sont pas de grande taille comme leurs voisins nilotiques. La moyenne des trente-six sujets est de 1m66 (vingt ♂ 1m69 et seize ♀ 1m61).

La grande envergure moyenne s'élève à 1m71 (♂ 1m77 et ♀ 1m65). Elle ne dépasse donc la taille que de quelques centimètres, contrairement à ce qui se voit chez beaucoup d'autres tribus soudanaises.

La tête et ses diamètres. — La dolichocéphalie des Nouba est caractérisée par l'indice céphalique moyen (longueur-largeur) de 75,40 (♂ 74,21 et ♀ 77,05).

L'élévation de cet indice chez les femmes est surprenante, et doit pouvoir s'expliquer par l'hypothèse d'un apport considérable, dans cette tribu, d'éléments Niam-Niam dont l'indice de 76,72 est le plus fort de toute la région. La moyenne du diamètre antéro-postérieur, qui est de 190 millimètres chez les hommes, n'est, du reste, que de 183 millimètres chez les femmes. Le diamètre transverse est uniformément de 141 millimètres dans tout le groupe. La hauteur auriculo-bregmatique moyenne est de 118 millimètres (♂ 121 et ♀ 114), et les indices moyens de hauteur-longueur et hauteur-largeur sont de 63,10 (♂ 121 et ♀ 62,29) ; puis de 83,68 (♂ 85,81 et ♀ 80,85).

La mise en série de l'indice nasal des Nouba établit ce fait d'une façon précise, à savoir que la plathyrinie est moins forte qu'on l'a prétendu. On voit, en effet, que, sur les trente-six Nouba, il en est quinze qui dépassent la moyenne de 102,44, tandis que vingt et un ne l'atteignent pas. On en trouve même sept à l'indice vraiment mésorhinien de 91.

La mise en série de l'indice facial est plus hétérogène que celle de l'indice nasal. On le voit monter de 93 à 118 (deux cas à chaque extrémité), quatre sujets se rencontrent aux indices de 103 à 107.

Par la mise en série de l'indice céphalique, on voit bien quelle est l'homogénéité de cette tribu. Il oscille, en effet, entre 74 et 76. Neuf sujets présentent des indices inférieurs

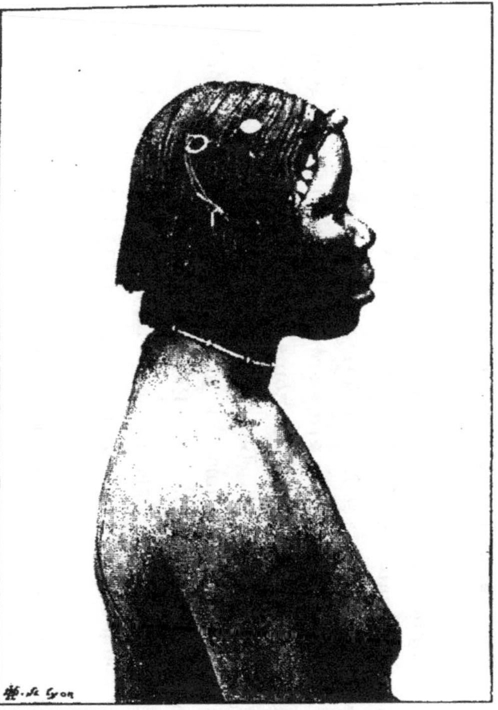

FEMME NOUBA.

à l'indice moyen de 75,40 et six seulement le dépassent. Les extrêmes sont à 70 (trois cas) et à 82 (un cas).

FERTIT OU KREDIS

ETHNOGÉNIE ET ÉTHNOGRAPHIE

Cette population habite une région située entre le Darfour au nord et le pays des Niam-Niam au sud. Au rapport de M. de Heuglin (1) et de Mohamed-el-Tounsy (2), on comprend sous le nom de *Fertit* une foule de tribus qui habitent au midi du Darfour ; mais, à proprement parler, le mot *Dar-Fertit* est employé par les Foriens et les Baggara pour distinguer des Niam-Niam l'ensemble des tribus des Kredis. D'après le Dr Potagos (3), qui a visité les régions du Fertit en 1877, les Kredis ou Krekis ne doivent pas être séparés des Fertit. Les mœurs et les usages de ces peuplades sont très voisins de ceux des Baggara et de leurs autres voisins.

MORPHOLOGIE ANTHROPOMÉTRIQUE

Ce peuple, chez qui Schweinfurth a séjourné est, suivant l'éminent savant, le plus laid de tous ceux qu'il connaît dans la région, et leur est bien inférieur sous tous les rapports. Les Fertit sont lourds, grossièrement charpentés et totalement dépourvus de cette harmonie des formes que l'on trouve chez les Nilotiques du Bahr-el-Ghazal. Chez les Fertit, les membres sont plus forts et plus ramassés, sans rappeler toutefois la musculature des Européens.

Leur taille est au-dessous de la moyenne et leur crâne est court comme celui des Niam-Niam. Aucune tribu soudanaise

[1] *Mittheilungen* de Petermann, supplément de 1885.

[2] *Loc. cit.*

[3] Voyage à l'ouest du haut Nil (*Bulletin de la Société de géographie de Paris*, 1880).

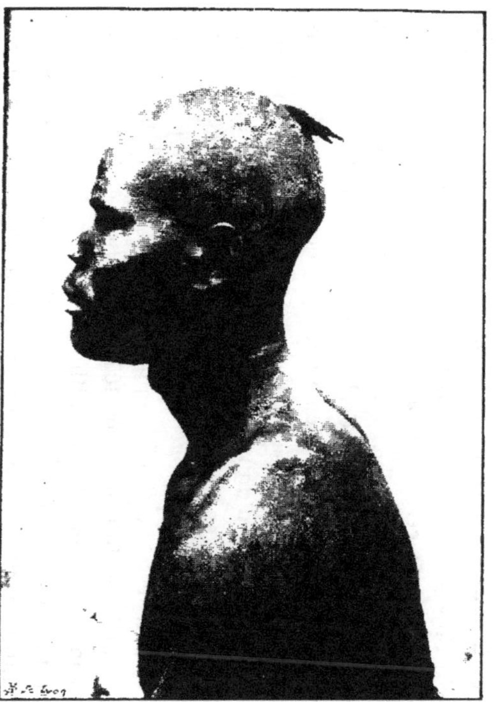

FERTIT.

n'offre des lèvres aussi épaisses et une bouche aussi largement fendue que celle des Fertit.

Voici, d'après nos propres observations, faites sur cinq sujets (quatre ♂ et une ♀), quels sont les caractères morphologiques de cette peuplade.

La peau, les cheveux et les yeux. — Leur couleur est moins foncée que celle des Bongo et des Niam-Niam. La toison des Fertit est à peu près la même que celle des autres Noubiens ; elle est courte, laineuse et d'un noir foncé. Les yeux sont grands, brillants, d'un noir marron foncé, avec un écartement de 31 millimètres en moyenne. L'indice bipalpébral est de 32,29.

Le nez, la face, la bouche et les oreilles. — La platyrhinie des Fertit est aussi forte que celle des Niam-Niam, c'est-à-dire que son indice est de 100. La hauteur et la largeur du nez sont également de 43 millimètres.

La face est large : la hauteur ophrio-mentonnière est de 135 millimètres et la largeur bizygomatique de 134 millimètres. L'indice facial est de 99,25.

Le prognathisme est accentué comme chez tous les Noubiens. Les lèvres des Fertit sont charnues et retournées ; la bouche présente un diamètre de 54 millimètres.

Les oreilles sont petites et mal ourlées.

La taille et la grande envergure. — Les Fertit, quoique passant pour des gens de taille au-dessus de la moyenne, mesurent cependant — les cinq sujets, du moins, que j'ai observés — 1m71 en moyenne. La femme n'a que 1m62, mais deux hommes ont plus de 1m71.

La grande envergure est de 1m78 et dépasse ainsi la taille, comme cela se voit chez les Niam-Niam, de près de 10 centimètres.

La tête et ses diamètres. — La mésaticéphalie des Fertit, dont on parle comme de celle des Noubiens en général, est caractérisée par l'indice de 75,64. Les diamètres antéro-postérieur et transverse maximum moyens sont de 193 et 146 millimètres. La hauteur auriculo-bregmatique est grande, elle est de 122 millimètres.

De ce fait, les indices de hauteur sont de 63,21 et 83,56.

TAGALA OU TAGHELE

ETHNOGÉNIE ET ETHNOGRAPHIE

Cette peuplade habite un massif de montagnes du sud du Kordofan, bordée par les steppes parcourus par les Baggara. Le Dr Peney, qui a visité ces populations en 1863 [1], les a trouvées plus élevées en civilisation que les autres nègres de la région. Ils sont agricuteurs. Ils cultivent spécialement le coton, élèvent des chevaux et savent assez bien travailler le fer. Quelque peu commerçants, ils viennent fréquemment dans la vallée du Nil. Ils sont de vigoureux chasseurs et de très braves guerriers. Plus beaux que les Kredis ou les Bongo, ils sont également plus intelligents, et les chasseurs d'esclaves les ont, de tous temps, recherchés.

En dehors des montagnes du Tégheié, et par suite de leur contact avec les tribus originaires de la haute Nubie — Barabra et Dongolais — cette population a perdu certainement une partie de ses caractères primitifs, et c'est sans doute à cela qu'ils doivent le développement qu'on leur a reconnu.

MORPHOLOGIE CRANIOMÉTRIQUE

D'après le Dr Peney, cette tribu a la peau d'un noir foncé, mais ne présente pas le prognathisme et la platyrhinie des autres nègres du Soudan oriental. Leurs formes sont généralement belles, leurs traits réguliers, leur démarche aisée et leur regard vif.

Je n'ai pu observer que sept individus de cette tribu (six ♂ et une ♀).

Les cheveux et les yeux. — Les cheveux des Tagala sont noir mat ; ils sont courts et laineux, quelquefois crépus. Les femmes les portent en de petites tresses. Les yeux, grands

[1] Le Djebel Tagala (*Bull. Soc. géog. Paris*, 1864.

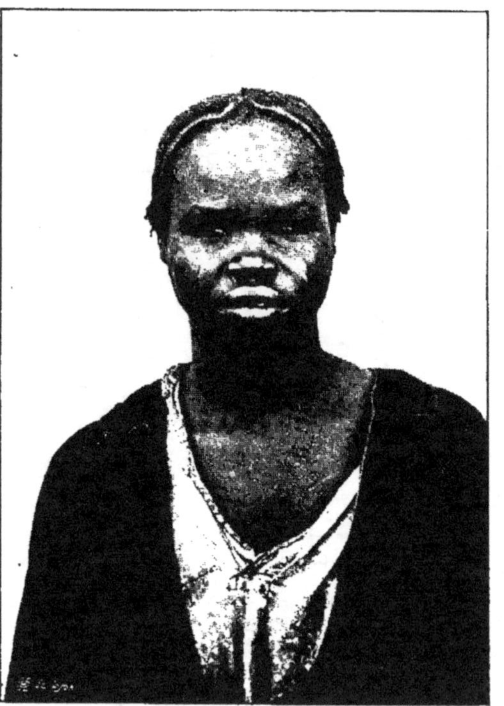

TAGALA.

et brillants, sont un peu plus écartés que ceux des Fertit, mais moins que ceux des Niam-Niam. Leur indice bipalpébral moyen est de 32,99.

Le nez, la face, la bouche et les oreilles. — La platyrhinie des Tagala, qui passe pour être moins grande que celle des autres nègres du Soudan, est plus forte, au contraire, selon mes observations personnelles, que celle de leurs voisins. Leur indice nasal moyen est de 102,44. La largeur moyenne du nez est de 42 millimètres, avec une hauteur moyenne de 41 millimètres seulement. La face paraît plus large que celle des Fertit, le prognathisme étant également moins accentué. L'indice facial moyen est de 104,76. Les diamètres ophrio-mentonnier et bizygomatique sont de 126 et 132 millimètres.

La taille et la grande envergure. — Les Tagala ont une taille moyenne est de 1m70. La femme n'a que 1m65, mais trois hommes dépassent 1m72.

La grande envergure moyenne est de 1m76 ; elle n'est donc supérieure à la taille que de 6 centimètres.

La tête et ses diamètres. — La tête des Tagala est plus allongée que celle des Fertit et surtout des Niam-Niam. L'indice céphalique moyen (longueur-largeur) de nos sept sujets réunis est de 74,34, avec des diamètres antéro-postérieur et transverse moyens de 191 et 142 millimètres. La hauteur auriculo-bregmatique moyenne est de 121 millimètres et donne un indice de longueur et largeur-hauteur de 63,35 et 85,21.

La mise en série de l'indice céphalique des Tagala montre un sujet à 71 et à 76, et deux à 73 et à 75.

NIAM-NIAM

ETHNOGÉNIE ET ETHNOGRAPHIE

Cette population se nomme elle-même Zandé, et ce nom de Niam-Niam qui leur a été donné, d'après Schweinfurth, par leurs voisins les Dinka, veut dire — dans leur langue — mangeurs, gros mangeurs. Ils ont été accusés d'anthropophagie, et leur nom est tellement associé à cette idée, qu'au Soudan, on est arrivé à l'appliquer à d'autres peuples qui n'ont rien de commun avec eux. Les Niam-Niam sont assez bien connus au point de vue ethnographique. Les voyageurs qui les ont visités en ont donné des descriptions circonstan-

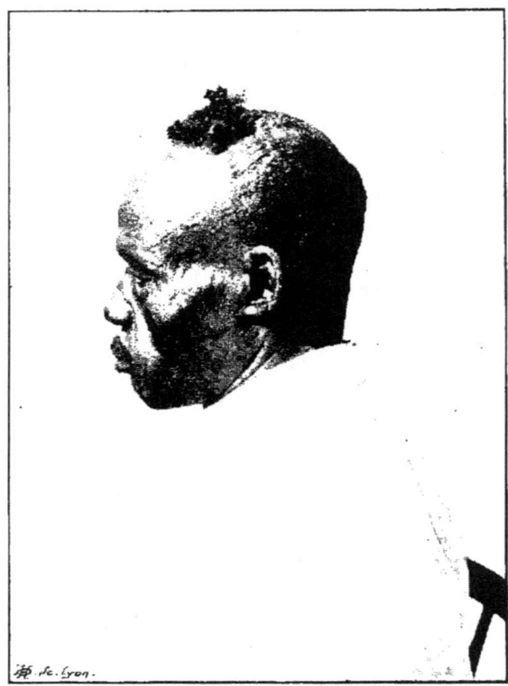

Niam-Niam.

ciées. Aussi ne puis-je mieux faire que de renvoyer le lecteur aux nombreuses publications qui traitent de ce peuple, de son pays, de ses us et coutumes, notamment à celle du professeur Schweinfurth. Qu'il me suffise de dire ici que le Niam-Niam est non seulement chasseur et guerrier, mais encore agriculteur ; seulement, c'est la femme qui cultive, pendant que l'homme chasse et guerroie.

Hommes et femmes se couvrent à peine le corps au moyen

de peaux de bêtes sauvages dont ils se ceignent les reins. Leurs coiffures affectent les formes les plus singulières, surtout chez les hommes, qui travaillent leurs cheveux avec un art extraordinaire. Les Niam-Niam ont des tatouages spéciaux dont ils s'ornent le visage.

MORPHOLOGIE ANTHROPOMÉTRIQUE

Cette peuplade a été décrite avec soin par Schweinfurth [1], et voici le résumé du portrait qu'il en fait. Les Zande, dit-il, avec leur tête ronde et large, peuvent être rangés au nombre des brachycéphales du degré le plus inférieur.

Ils ont les cheveux épais et crépus de ce qu'on appelle les véritables nègres ; ces cheveux sont d'une longueur exceptionnelle, disposés en touffes et en nattes qui leur tombent sur les épaules et leur descendent parfois jusqu'aux reins. Les yeux fendus en amandes, ouverts un peu obliquement et surmontés d'épais sourcils bien arqués, sont grands et pleins. Un nez d'une faible saillie et coupé carrément, une bouche rarement plus large que les narines, des lèvres fort épaisses, des joues rebondies, tel est l'ensemble du visage.

Ils ont une tendance à l'embonpoint et il est rare de trouver chez eux un grand développement des muscles. Leur taille est au maximum de $1^{m}80$; leur torse est long en comparaison des jambes. La couleur de leur peau est celle du chocolat en tablettes. Parmi les femmes, on trouve encore plus souvent que chez les Bongo des teintes cuivrées, plus ou moins foncées.

Voici maintenant le résultat de mes observations recueillies sur les deux sujets mâles que j'ai étudiés au point de vue anthropométrique.

Les cheveux et les yeux. — Les cheveux, crépus et non laineux, sont toujours noirs, abondants, souvent longs. Les yeux sont modérément écartés pour des nègres, l'indice biorbitaire

[1] Au cœur de l'Afrique, *loc. cit.*

moyen étant de 32,69. Le diamètre biorbitaire interne est de 34 millimètres, et le biorbitaire externe de 104 millimètres.

Le nez, la face, la bouche, les oreilles. — Le nez est semblable comme indice à celui des Bornou, c'est-à-dire que sa hauteur égale sa largeur, lesquelles atteignent 45 millimètres. Il en résulte un indice moyen de 100.

La face des Niam-Niam est presque carrée : son indice total est de 105,34. La hauteur ophrio-mentonnière est de 131 millimètres et son diamètre bizygomatique est de 138 millimètres.

Le prognathisme est fort accentué chez ces gens, et leur bouche aux lèvres lippues ne mesure que 55 millimètres de diamètre.

Les oreilles sont petites, leur indice moyen est de 58,06.

La taille et la grande envergure. — Les Niam-Niam sont grands en général, comme le dit Schweinfurth. La moyenne que j'ai trouvée est de 1m70.

La grande envergure, qui est de 1m84, dépasse donc de beaucoup la taille.

La tête et ses diamètres. — La tête ronde et large qu'on attribue au Niam-Niam est caractérisée en somme par l'indice moyen (longueur-largeur) de 76,72. Les diamètres antéro-postérieur et transverse maximum moyens sont de 189 et 145 millimètres. La hauteur auriculo-bregmatique est de 124 millimètres. Les indices de hauteur sont de 65,61 et 85,71

BONGO

ETHNOGÉNIE ET ETHNOGRAPHIE

Le nom de Bongo est donné à une grande tribu nègre du haut Nil et spécialement de la région basse qui s'étend à l'ouest du Bahr-el-Abyad. Le professeur Schweinfurth[1] a consacré à ce peuple, comme aux Niam-Niam, un long chapi-

[1] *Loc. cit.*

tre de la relation de son voyage. Ses caractères ethnographiques tiennent de ceux des Niam-Niam et des Dinka.

MORPHOLOGIE ANTHROPOMÉTRIQUE

D'après Schweinfurth, les Bongo ont la peau d'un rouge brun pareil à celui du terrain qu'ils occupent. De même que celle des Dinka, elle est d'un brun sombre analogue à celui des alluvions de leur sol natal. Pour rendre cette nuance particulière de la peau des Bongo, il faudrait employer largement la couleur qui porte le nom de « rouge pompéien ».

Les quatre sujets que j'ai observés présentent les caractères suivants :

Les cheveux et les yeux. — La chevelure est courte, laineuse et frisée, généralement d'un noir mat. Les yeux, foncés, paraissent moins écartés que ceux des autres Soudanais orientaux, puisque leur indice bipalpébral est de 30,47. Mais si l'on remarque que le diamètre bipalpébral est de 32 millimètres, on verra que cette dissemblance n'est qu'apparente. Cet indice est, en effet, inférieur de 2 ou 3 unités dans ce groupe, à cause de la grandeur extraordinaire du diamètre bipalpébral externe, qui atteint 105 millimètres. Ce fait montre, une fois de plus, que l'indice bipalpébral n'est qu'une formule donnant un aperçu de la physionomie du haut de la face. C'est le diamètre interorbitaire interne qui fournit vraiment le caractère ethnique le plus constant et le plus essentiel, bien entendu après les indices du nez et de la tête.

Le nez, la face, la bouche et les oreilles. — Sous le rapport de la platyrhinie, les Bongo n'ont rien à envier aux Tagala et aux autres Noubiens, puisque leur indice moyen est de 109,75. La largeur du nez atteint 45 millimètres et la hauteur 41 millimètres seulement.

La face est plus longue que celle des Niam-Niam et moins large que celle des Fertit. L'indice facial moyen est de 101,52. Le diamètre bizygomatique est de 133 millimètres et ne dépasse l'ophrio-mentonnier que de 2 unités. Le prognathisme est à peu près celui des autres Noubiens. Les lèvres sont fortes et présentent une ouverture buccale moyenne de 61 millimètres. Les oreilles sont petites et mal ourlées.

La taille et la grande envergure. — Suivant les voyageurs et notamment Schweinfurth, la taille des Bongo n'est pas élevée. Sur quatre vingt-trois hommes qu'il a mesurés, il ne s'en est pas trouvé un seul qui atteignit $1^{m}90$. La moyenne serait autour de $1^{m}70$. Les mesures que j'ai prises me donnent la taille moyenne de $1^{m}69$. La grande envergure moyenne atteint $1^{m}74$ et ne dépasse donc pas de beaucoup la taille, contrairement à ce que l'on voit chez beaucoup d'autres Soudanais, tels que les Niam-Niam par exemple.

La tête et ses diamètres. — Schweinfurth ne se rappelle pas avoir vu un seul Bongo à tête longue comme celle des Dinka. La longueur de leur tête tranche tellement parmi les autres nègres, qu'à première vue un homme de cette tribu reconnaît un des siens à ce simple caractère.

N'ayant vu qu'une douzaine de Bongo et n'ayant pu en mesurer que quatre, je ne suis pas à même de contester l'exactitude de ce fait, d'autant plus qu'il est rapporté par l'observateur le plus judicieux et le plus exact que je connaisse. Voici pourtant les moyennes des diamètres céphaliques de ces quatre sujets : elles montrent des sous-dolichocéphales un peu hypsocéphales, tout comme la plupart des autres Noubiens. Les moyennes des diamètres antéro-postérieur et transverse maximum sont de 189 et de 142 millimètres ; celle du diamètre auriculo-bregmatique est de 120 millimètres. L'indice céphalique moyen (longueur-largeur) est de 75.13 ; ceux de hauteur-longueur et de hauteur-largeur sont de 63.49 et de 84,50.

MORPHOLOGIE CRANIOMÉTRIQUE DES SOUDANAIS ORIENTAUX

Résumé

Les Soudanais orientaux ont été jusqu'à ces derniers temps beaucoup plus étudiés, au point de vue craniométrique, que la plupart des autres populations actuelles de la vallée égyptienne du Nil. Grâce, en effet, aux découvertes de quelques voyageurs, on possède aujourd'hui, dans les collections publiques, une centaine de crânes de ces races, dont l'origine et la provenance sont à peu près certaines. Ils appartiennent aux groupes Chillouk, Dinka, Forien, Bornou, Haousa, Nouba, Fertit, Tagala et Bongo. La plus grande partie de ces documents anatomiques ont été décrits et figurés par MM. Ecker de Fribourg-en-Brisgau [1], de Quatrefages et Hamy [2], puis par Hartmann [3].

Je résumerai succinctement les principaux renseignements que ces savants anthropologistes ont relevés sur les séries qu'ils ont eues entre les mains. Ils permettront peut-être quelques rapprochements avec ceux qui ont été recueillis sur des sujets vivants de même race.

Chillouk. — Deux crânes seulement de cette race ont été mesurés par MM. de Quatrefages et Hamy. L'un fait partie de la collection de la Faculté des sciences de Caen, l'autre de celle de la Société d'Anthropologie de Paris. Ces deux sujets réunis donnent un indice céphalique moyen (longueur-largeur) de 71,27. Ceux de hauteur sont de 72,37 et 103,10. Dix crânes appartenant à la même race et conservés au musée de l'Université de Berlin ont donné à M. Hartmann un indice céphalique moyen de 70.

Dinka. — On n'a décrit de ce peuple que deux séries anatomiques. Ce sont celle de l'Université de Berlin et celle que M. Ori a rapportée à Florence. La première se compose de huit crânes (six ♂ et deux ♀). Leur indice céphalique moyen (longueur-largeur) est de 72,83 et ceux de hauteur sont de 76,87 et 105,55. La seconde renferme trois sujets et leur indice céphalique moyen est de 77,38.

[1] Schadel Nordafrikanischer Volker auss. dem prof. Bilhars (*Abl. des Senckemb Gesellsch.*, VI Frankf., VI, 1866. — Ueber die verchiedene Krümmung des Schädelrohres bein Neger und bein Europaer (*Archiv. fur Anthrop.*, IV, tof. II, 1879).

[2] Crania ethnica, *loc. cit.*

[3] Matériel anthropologique du musée anatomique de l'Université de Berlin (*Arch. fur Anthr.*, t. XXII, 1893).

Forien ou Four. — On connaît quinze crânes de cette race. Quatorze ont été recueillis par M. Fuzier et appartiennent à la Société anthropologique de Paris. Le quinzième fait partie de la collection de Bilharz. Ce sujet, que M. Ecker a étudié, a un indice céphalique de 78,15 et un indice nasal de 56,8. Les quatorze sujets de M. Fuzier sont également mésaticéphales. MM. de Quatrefages et Hamy leur ont trouvé un indice céphalique moyen (longueur-largeur) de 78,88. Le diamètre antéro-postérieur moyen étant de 180 millimètres et le diamètre transverse maximum de 142 millimètres, la hauteur basilo-bregmatique moyenne est de 136 millimètres. Les indices moyens de hauteur sont de 75,55 et 95,77. Le diamètre interorbitaire est de 27 millimètres et le biorbitaire externe est de 107 millimètres. L'indice nasal moyen est de 52,60. Le prognathisme de ces individus est modéré et comme redressé.

Bornou. — On n'a mesuré jusqu'ici que deux crânes de cette peuplade. L'un d'eux est celui d'un mamelouk de la garde de Napoléon Ier, mort à Paris, l'autre fait partie de la collection Bilharz. Ils ont été décrits l'un et l'autre dans le *Crania ethnica.* L'indice céphalique (longueur-largeur) du premier sujet est de 76, 40, ceux de hauteur sont de 75,28 et 98,52 ; son indice orbitaire est de 84,20, et ceux du nez et de la face de 59,51 et 64,51. Le second, mesuré par Ecker, est plus dolichocéphale ; son indice céphalique (longueur-largeur) est de 72,67 et son indice nasal est de 55,01.

Haousa. — Un seul sujet de cette race, mort à Tunis, a été mesuré par MM. de Quatrefages et Hamy. Son indice céphalique (longueur-largeur) s'élève à 72,78. Ceux de hauteur sont de 72,12 et 90,41. Le diamètre interorbitaire est de 31 millimètres.

Nouba proprement dits. — C'est à Ecker que l'on doit la connaissance de deux crânes de ce groupe si considérable. Les dessins et les mesures que le savant anthropologiste de Fribourg-en-Brisgau a donnés de ces sujets montrent une mésaticéphalie caractérisée par les indices de 78,84. Le front est fuyant, rejeté en arrière et en haut. Leur prognathisme est considérable et paraît commencer à l'espace interoculaire.

Fertit ou Credis. — C'est encore Ecker qui a donné les dessins et les mesures de deux crânes de cette race intéressante. L'indice céphalique moyen de ces deux sujets réunis est 76,66. Ces crânes présentent, d'après les auteurs du *Crania ethnica,* de grandes analogies avec ceux des Nouba.

Tagala ou Tékélé. — Un seul crâne de cette tribu a été décrit par Ecker ; son indice céphalique (longueur-largeur) est de 71,50. Le diamètre antéro-postérieur maximum est de 179 millimètres et le diamètre transverse maximum est de 128 millimètres.

Il est, en outre, plus haut que large. La face s'harmonise avec le crâne et le prognathisme est peu accusé.

L'étude rapide qui vient d'être faite des crânes soudanais orientaux, montre qu'au point de vue craniométrique les races qui sont comprises dans ce groupe ethnique sont loin de présenter les affinités qu'on leur a supposées. Et, en effet, si l'on voit dix Chillouk présenter l'indice céphalique moyen de 70, deux atteignent celui de 71,27. Puis on trouve huit Dinka avec l'indice de 72,83 et trois avec celui de 77,38. Les Foriens (quinze sujets), moins dolichocéphales, se groupent autour de 78,80, ainsi que les Nouba proprement dits (78,85 et 77,84). Les Bornou et les Fertit se tiennent, au contraire, vers les indices de 76,40 et 76,66, et se placent ainsi entre les Nilotiques et les Noubiens.

Il résulte de l'étude des cent vingt et un sujets vivants que j'ai observés à Assouan et de celle des trente crânes mesurés dans diverses collections, que les Soudanais orientaux présentent des types fort variés. Ceux-ci peuvent être séparés en catégories assez distinctes surtout par leurs caractères anthropométriques. Etant donné que l'ensemble des familles qui nous intéressent ici ont un indice céphalique moyen (longueur-largeur) de 74,47, on remarque que les groupes Nilotiques, Tchadiens, Kanori et Noubiens, se distinguent très bien par ce seul caractère et qu'ils s'échelonnent ainsi :

Nilotiques. . . .	73,46	Tchadiens-Foriens. .	75
Kanori-Bornou. .	74,48	Noubiens	75.53

Au point de vue de l'indice nasal, cet autre caractère essentiel dans la plupart des races, les résultats de la comparaison sont moins probants, car, tous étant patyrhiniens, il ne s'agit plus que de constater des nuances. L'indice moyen étant de 102,44, voici dans le même ordre ce que donne la mise en série :

Kanori-Bornou. .	100	Tchadiens-Foriens. .	104.76
Noubiens . . , .	102,44	Niolitiques.	105

Pour l'indice facial, le même fait se reproduit et on trouve les résultats suivants : l'indice moyen général est de 105,60 : on voit cependant des écarts dans les indices des groupes :

Noubiens	103,96	Nilotiques	105.64
Tcbadiens-Foriens	105.55	Kanori-Bornou . . .	109,08

La taille offre des différences plus grandes entre chaque groupe, car, étant donné que la moyenne générale est de $1^m,75$, on trouve pour les groupes les chiffres suivants :

Kanori-Bornou . .	1^m71	Tchadiens-Foriens . .	1^m78
Noubiens	1^m73	Nilotiques	1^m80

On peut donc conclure de ce qui précède que, parmi les Soudanais orientaux, ce sont les Nilotiques qui sont les plus grands, les plus dolichocéphales et les plus platyrhiniens, que ce sont les Foriens qui viennent ensuite, ainsi que les Bornou, au point de vue céphalique. Pour l'indice nasal, ce sont seulement les Foriens qui se rapprochent le plus des Nilotiques ; toutefois, ils sont plus grands que les Bornou, qui sont les moins platyrhiniens.

Lyon. — Imp. A. Rey, 4, rue Gentil. — 36837

www.ingramcontent.com/pod-product-compliance
Lightning Source LLC
LaVergne TN
LVHW012013160826
845678LV00002B/803